U0156840

〔英〕丽莎·里根 著

王西敏 译

孩子背包里的
大自然
探索迷人的海岸

外语教学与研究出版社
北京

京权图字：01-2022-3851

图书在版编目（CIP）数据

孩子背包里的大自然. 探索迷人的海岸 ／（英）丽莎·里根（Lisa Regan）著；王西敏译. —— 北京：外语教学与研究出版社，2022.10
ISBN 978-7-5213-4015-0

Ⅰ. ①孩… Ⅱ. ①丽… ②王… Ⅲ. ①自然科学－少儿读物 ②海岸－少儿读物 Ⅳ. ①N49 ②P737.11-49

中国版本图书馆 CIP 数据核字（2022）第 188356 号

出 版 人 王 芳
项目策划 于国辉
责任编辑 于国辉
责任校对 汪珂欣
装帧设计 王 春
出版发行 外语教学与研究出版社
社   址 北京市西三环北路 19 号（100089）
网   址 http://www.fltrp.com
印   刷 北京尚唐印刷包装有限公司
开   本 889×1194 1/16
印   张 2.25
版   次 2022 年 11 月第 1 版 2022 年 11 月第 1 次印刷
书   号 ISBN 978-7-5213-4015-0
定   价 45.00 元

购书咨询:（010）88819926   电子邮箱：club@fltrp.com
外研书店：https://waiyants.tmall.com
凡印刷、装订质量问题，请联系我社印制部
联系电话:（010）61207896   电子邮箱：zhijian@fltrp.com
凡侵权、盗版书籍线索，请联系我社法律事务部
举报电话:（010）88817519   电子邮箱：banquan@fltrp.com
物料号 340150001

目录

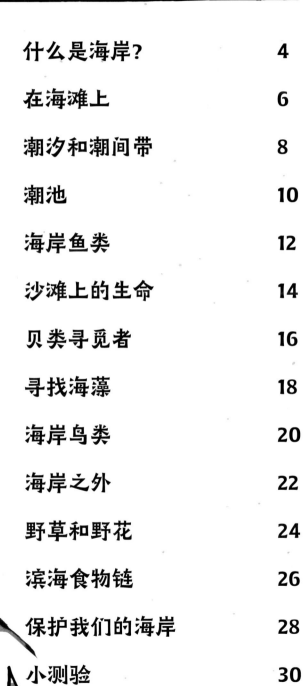

什么是海岸？

海洋边缘的陆地被称为海岸。你可能会看到沙丘、高耸的悬崖或一个通向绵绵海浪的倾斜的海滩。部分海滩在涨潮时会被淹没，退潮时显露出来。

你能看到什么？

这里有不同类型的海滩和海岸供你探索。

沙滩上铺满了岩石和贝壳被细细研磨后留下的小颗粒。它们通常是白色或金棕色的，也有粉色、绿色甚至黑色的。

你知道吗？

靠近海洋的地方通常被称为**沿海**栖息地。

组成**砾石滩**的主要是小卵石，而不是沙子。砾石滩的坡度通常比沙滩的更陡，其滩脊会显示出潮汐的高度。

岩石滩看起来非常引人注目，常可以看到海蚀洞和海蚀拱桥。岩石在海水的冲击与**侵蚀**下，会演变出各种新的形状。

河流**入海口**处常有泥滩。只要是能适应咸咸的土壤和水的植物，就可以在这里生长。泥滩处通常能见到**红树林**和**盐沼**等。

在世界各地的一些海滩处，色彩鲜艳的珊瑚能在温暖的浅水中形成珊瑚礁。

在海滩上

在海滩上的一天，总是离不开在海浪中嬉戏、挖沙和建造沙堡。不过，你有没有想过海浪和沙子是怎么形成的？为什么用潮湿的沙子更容易建造沙堡？

浪花朵朵

在开阔的海洋，海水经常以恒定的波浪模式向前推进。风刮过海面，会产生海浪。当海浪涌向海岸时，浅水水体让海床和海水之间形成**摩擦**，摩擦力会减缓海浪底部的水流速度，让速度更快的顶部水流上升得更高，形成冲浪者喜欢的破浪带。

当波浪变得太高，宽度无法支撑自身重量时，就会破裂或崩塌。

从岩石到沙子

岩石质地坚硬，经过数千年甚至数百万年的时间，它们被风吹日晒以及海水侵蚀，不断分解成更小的岩石碎块。随着时间的推移，越来越小，直到变成鹅卵石，最终变成沙子。一些海滩上也有磨碎的珊瑚和贝壳颗粒。

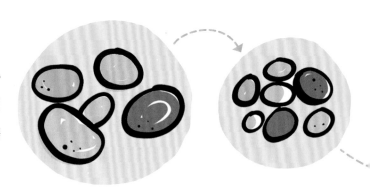

波浪

波浪最高的部分被称为波峰，最低的部分被称为波谷。

波峰

波谷

前进方向

试一试

制作黏糊糊的沙泥！

有了合适的原料，你可以自己制作黏糊糊的沙泥。

• 在一个大碗中倒入 4 杯干净的细沙。加入 2 杯玉米淀粉。把它们混合在一起。

• 往其中倒入 1 杯水，边倒边搅拌，反复揉搓，把它们捏成一个球。这时，它们应该就可以粘在一起了。

• 在其中混入 2 汤匙颜料粉末，并把它们混合均匀。这样，沙子的颜色就会变得很鲜艳。

• 把做好的沙泥装在密封的容器中储存，防止水分流失。

用沙子堆建筑

如果你堆过沙堡，就会知道，干沙会散开，湿沙会粘在一起。因为湿沙中的水分子会相互吸引，使沙子保持形状。但是，如果水加得太多，沙子就会被**稀释**，无法留在原地，反而会随水慢慢流走。

7

潮汐和潮间带

海岸动物和植物特别适合在咸水中生存，也能适应海洋潮汐形成的环境。潮间带是许多小型生物的家园。

高潮和低潮

只有在涨潮时才被海水覆盖的区域称为高潮区。在这里，你会发现很多带贝壳的生物。下面是中潮区，每一次潮汐都会将其覆盖又露出。在中潮区，你能发现很多种海洋生物。更低的地方是低潮区，只有在落潮的时间段，才会暴露出来。低潮区的生物大多身体柔软，容易受到捕食者的攻击。

贻贝

海带

海参

海葵

海星

海胆

海蛞蝓

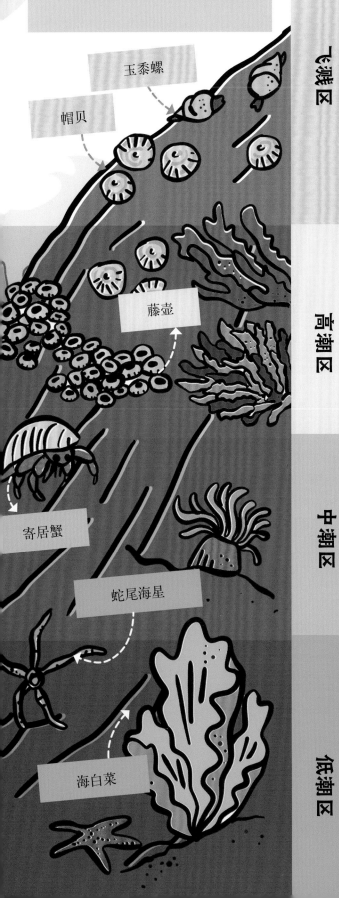

飞溅区很少被盖在水下，只有在大浪或风暴期间会被水淋湿。

玉黍螺

帽贝

藤壶

寄居蟹

蛇尾海星

海白菜

飞溅区

高潮区

中潮区

低潮区

潮汐

月球和太阳的引力把海水拉来拉去，每天都会给海洋带来高潮和低潮。每月到了新月和满月这两天，由于太阳引力与月球引力叠加，低潮比正常情况下更低，高潮比正常情况下更高。这被称为<u>大潮</u>。

大潮

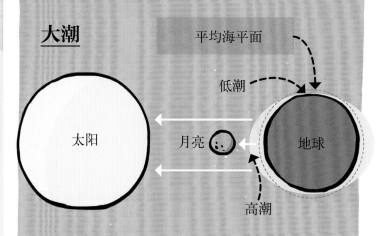

平均海平面

低潮

太阳

月亮

地球

高潮

7天后，当月亮半满时，我们会看到<u>小潮</u>。这是由于太阳引力和月球引力相互抵消，低潮变高，高潮变低。

小潮

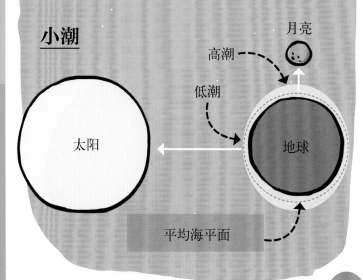

月亮

高潮

低潮

太阳

地球

平均海平面

潮池

退潮时，有些海水会留在岩石间的凹陷处，形成水池。它们被称为潮池，也叫岩池。它们既可以小而浅，也可以大而深，是各种藻类和动物的家园。

温暖的水

潮池里的水被太阳晒着，温度要比海水的高。

帽贝

贻贝的壳有两部分，铰合在一起。

海胆的刺会在它死后脱落。

海棕榈

海藻

线鳚（wèi）

10

你知道吗?

海葵看起来像植物,但实际上是动物。它们的身体呈圆柱形,顶端长着嘴,还有许多用来捕捉猎物的刺状触手。触手可以帮助海葵移动和改变形状。它们身体下面长有一个硬底盘,可以分泌黏液,与肌肉相互作用,把身体固定在某个地方。

试一试

制作潮池观察器

在潮池水面有波纹的时候,使用下列设备,可以看得更清楚。

- 找一个大的透明塑料午餐盒。把它放在水面下,透过底部观察。

- 取下大牛奶盒上的盖子。把牛奶盒的底部切下来。把它放在潮池底部附近,通过小开口作为目镜观察。

- 找一根粗管子,比如排水管。绷紧透明塑料袋,盖住管子一端。用强力胶带将其固定好。将塑料袋盖住的一端伸向潮池底部,从管子顶端观察。

海星通常有 5 个腕足,有些种类会有更多。

滨螺

对虾

虾虎鱼

螃蟹

海龙鱼

海绵在地球上已经存在了至少 5 亿年。

海葵是动物,虽然它们看起来像植物。

海岸鱼类

许多鱼都生活在深水域，但也有不少鱼生活在靠近海岸的地方或潮池中。有时，人们在看到鱼之前，会先在海底看到它们的影子。睁大你的眼睛！

海龙鱼

这些身上有条纹的鱼又长又瘦，鼻子尖，与海马是近亲。它们不善于游泳，所以通常生活在浅水区。

线鳚

线鳚又称多鳞鳚，是一种个头很小、身上黏糊糊的鱼。它们有时藏在岩石下，有时趴在潮池边的海藻上，如果受惊，会扑通一声跳回水中。

虾虎鱼

岩虾虎鱼和普通虾虎鱼的身体都又细又长，通常在浅水中四处游动。

鲻 (zī) 鱼

人们经常看到这些鱼成群结队地在海港里游动，而且会一起改变方向。它们也在泥泞的河口生活。

吸盘圆鳍鱼

吸盘圆鳍鱼的腹部下面有专门的鳍，形成吸盘，让它们可以粘在岩石上。它们主要生活在海底。

棘背鱼

棘背鱼的名字来源于背部的刺。这是一种牙齿锋利的小鱼,常躲在海藻中捕食。

蜗牛鱼

这种鱼的外表与巨型蝌蚪相似,没有鳞片。它们在海底的泥沙中挖洞。

隆头鱼

隆头鱼身上通常有各种明亮的颜色和美丽的图案。娇扁隆头鱼和贝氏隆头鱼通常是棕色的。去潮池中寻找它们的身影吧。

试一试

海马

海马大多生活在温暖的浅水区。它们会把尾巴绕在海草上休息。

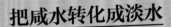

把咸水转化成淡水

从海水中提取盐的过程被称为脱盐。自己试试看吧!

- 将一个杯子放在碗或午餐盒里。将海水倒入碗中,没到杯子的一半。
- 用保鲜膜覆盖碗口,边缘密封。在杯子上方的保鲜膜上放一块鹅卵石。
- 在沙滩上玩耍时,将其置于阳光充足的地方。
- 几个小时后,杯中就会存有淡水,碗里则会留下一层盐。

比目鱼

比目鱼擅长伪装,通常在河口或者浅海柔软的泥土中觅食。

沙滩上的生命

在海边的沙滩上和水里都能找到很多小动物，有些动物会在地表下挖洞，以便当潮水退去时能继续保持凉爽和湿润。仔细观察，你便能发现它们留下的痕迹。

觅食洞

软壳蛤蜊

它们又被称为砂海螂，会把自己埋在泥沙里。在退潮时，你可能会看到它们为觅食而挖的洞。

粪便堆

沙蚕（zhú）

它们的粪便堆就像意大利面，很容易被看到。这种蠕虫是红色的，经常被挖出来当作鱼饵。

黄道蟹

黄道蟹的壳是红棕色的，边缘呈扇形，有点像馅饼的外皮。

海星

海星过去被称为海星鱼，但后来被改名为海星，因为它们根本不是鱼。它们与海胆是亲戚。

海胆骨骼

海胆

生活在水下的海胆大多有刺猬一样的尖刺。你可以在海滩上找到海胆死后留下的壳体。

14

螃蟹的结构

螃蟹是十足目动物，共有10条腿，其中的8条腿用来走路，前面的两条腿是螯，用来觅食。螃蟹的壳很硬，被称为甲壳。螃蟹在生长过程中会蜕壳，你可能会在海滩上找到空的螃蟹壳。

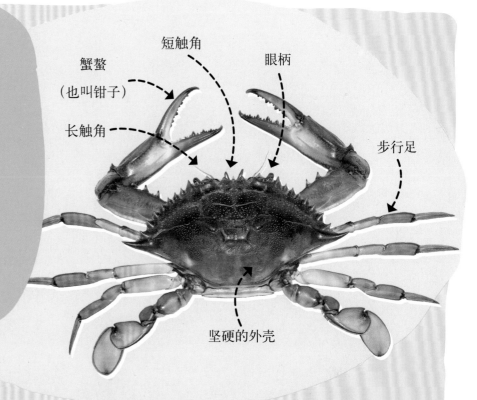

蟹螯
（也叫钳子）

长触角

短触角

眼柄

步行足

坚硬的外壳

蛏蛏（jiáchēng）

欧洲的蛏子壳比较长，略微弯曲；北美洲的蛏子壳稍短，形状为椭圆形。蛏蛏由两片外壳铰合在一起，但你通常只能在沙滩上发现一片外壳。

沙管虫

这种蠕虫能分泌一种黏液，把贝壳碎片和沙子粘在一起，用来建造自己的家。有时候，沙管虫会像蛋糕上的蜡烛似的，直立在沙滩上。

寄居蟹

寄居蟹通常寄居在别的动物废弃的壳里，以此来保护自己柔软的腹部。随着身体逐渐长大，它们会遗弃旧壳，换到更大的壳里。

贝类寻觅者

你在海滩上找到的大多数贝壳都是空的，但有些里面也会有海洋生物。贝壳是各种软体动物的家园，包括牡蛎、贻贝、蛤蜊和海蛞蝓。如果贝壳里面有生物，一定要把它们放回原处。

你知道吗？

有些动物看起来像贝类，但实际上不是。藤壶是一种**甲壳类动物**，与螃蟹和虾属同一科。沙钱和马铃薯海胆都是海胆的其中一个品种，它们身上都长着有趣的图案。

建房子

软体动物身体柔软，经常需要保护自己免受周围环境和捕食者的伤害。有些软体动物用矿物质制造自己的壳，并在生长过程中扩大自己的壳体。这些矿物质主要是碳酸钙，是它们从海水中吸收的化学物质形成的。

不同的饮食

软体动物的饮食会影响其外壳的外观。温水软体动物，比如鹦鹉螺，比冷水软体动物吃的食物种类更广，这让它们的壳更光亮，颜色也更鲜艳。

鹦鹉螺

柔软的身体

坚硬的外壳

单壳类

单壳类动物只有一个壳。它们被称为**腹足动物**，有一只脚和一个头，可以伸出壳外。它们有不同的形状。帽贝带有锥形外壳；蛾螺、玉黍螺和海螺有一个圆形的螺旋壳；锥螺的壳体呈尖尖的螺旋形。

宝螺

贻贝

牡蛎

帽贝

鸟蛤

海螺

蛾螺

玉黍螺

锥螺

双壳类

这类软体动物的壳由两部分组成。它们的壳铰合在一起，可以开合寻找食物。贻贝、鸟蛤、扇贝、牡蛎和蛏子都是双壳类。

试一试

制作一件艺术品

收集空贝壳来制作属于你的艺术品。

• 以对称的模式排列贝壳，形成一个抽象作品。

• 制作美人鱼或乌龟形状的沙雕，并用贝壳装饰。

• 用贝壳拼出你的名字、地点和日期。

• 用拍照的方式永远保存你的贝壳艺术品。

当心！

如果你在国外旅行，把贝壳带回家可能属于违法行为。不要买任何贝壳，也不要买装饰有贝壳的纪念品。

寻找海藻

海藻看起来像陆地上的植物，但实际上属于藻类①。通常，海藻有看起来像叶子的叶状体，但它没有根。取而代之的是**固着器**，这种固着器可以使它保持固定，但并不能像植物的根那样吸收**营养**。和植物一样，海藻利用**光合作用**吸收阳光，自己制造养分。

---

① 学术界普遍认为除绿藻等部分藻类外，大多数藻类不属于植物。——译者注

水下森林

海藻覆盖的面积很大，这一点至关重要，因为它们为我们提供了呼吸所需的氧气。在光合作用过程中，海藻吸收阳光并将二氧化碳和水转化为含糖能量，与此同时排出氧气。

最大的海藻是巨藻，它们每天能长 30 厘米，一般能长到 60 米左右。最长的巨藻可达几百米。

酸藻

裙带菜

珊瑚藻

褐藻分布在较冷的海域和岩石海岸。一些褐藻是可食用的，如海带和裙带菜。还有一些，如酸藻，味道比较难闻，吃了会引起胃部不适。墨角藻的叶状体上有充气的浮囊，可以让它在水中直立漂浮。

红藻可以生长在最深的海域，但在海岸附近也能发现它的身影。有些种类会被用作食物的配料，用来制作冰激凌、面包和寿司。

绿藻中包括海白菜，它是一种颇受欢迎的食物。

海白菜

墨角藻

试一试

不是海藻！

藻苔虫有叶状体，看起来和海藻很相似，但它不是海藻。它是由一些小动物组成的。鹅颈藤壶聚集在岩石上，也可能被误认为是海藻，但实际上是甲壳类动物。有时候，你还会发现狗鲨或鳐鱼的卵鞘，这种革质的防水外壳是用来保护鱼卵的，里面曾经生活着小鱼的幼体。这种壳有时也被人们称为"美人鱼的钱包"。

美人鱼的钱包

去赶海

海洋将许多宝藏冲上了岸。有些可以带回家，但其中一些最好以照片的形式保存。永远尊重自然和你周围的环境。

• 漂浮木很漂亮。你可以带走那些没嵌到沙中的漂浮木。

• 如果你想收集漂亮的鹅卵石，选一块作为纪念就可以了。

• 任何人造物品都可以带回家。找一块被海水打磨光滑的玻璃。

（当你这么做的时候，为什么不把看到的垃圾也装入垃圾袋，放进垃圾箱呢？）

海岸鸟类

许多鸟类在海岸附近觅食和筑巢。它们中的一些在陡峭的悬崖上安家，在那里，它们的蛋不会受到捕食者的干扰。还有一些海鸟会把巢藏在湿地的草丛中。

普通燕鸥

普通燕鸥长有银灰色的翅膀、黑色的头部和红色的喙，很容易辨认。注意观察它们在飞翔时独特的分叉尾巴。

出海

有些海鸟几乎从不返回陆地。这些**远洋**鸟类包括信天翁、军舰鸟和鹱（hù），它们可以翱翔数周，甚至在空中睡觉。

其他鸟类，包括燕鸥、海鸥和鹈鹕（tíhú），则在海上觅食，返回陆地上休息。

塘鹅

这种鸟的头部是黄色的，它们常在空中盘旋，然后潜入水中捕鱼。

银鸥

这些大型海鸥会发出巨大的叫声，听起来像是大笑或尖叫。

砺鹬（lìyù）

这些吵闹的鸟在石洞里下蛋。它们用橙色的长喙敲碎贝壳，吃掉里面的动物。

鹱

这种鸟大部分时间生活在海上，经常可以看到这种鸟跟着渔船，寻找鱼和残羹剩饭。

海雀

海雀体形小，喙呈三角形，颜色鲜艳，带有条纹，翅膀很短，有助于其在水下行动。

鹈鹕

这种大鸟最引人注目的部分是它们巨大的喙和有弹性的喉囊，它们的喉囊可以像水桶一样展开，用来搜捕鱼类。

翻石鹬

常能见到这种鸟用喙翻动石头和海藻，寻找食物。它们用树叶在地面的洞里筑巢。

三趾鸥

仔细倾听三趾鸥的叫声，与它们英文名字（Kittiwake）的发音非常相似。它们在悬崖上集群筑巢。

鸬鹚

鸬鹚和它们的近亲都属于大型的海岸鸟类，经常可以看到它们站在岸边张开锯齿状的翅膀晾晒。

海岸之外

有些远洋生物从不靠近陆地，但人们可以在远处或乘船旅行时看到它们的身影。还有一些动物大部分时间待在水里，但在繁殖期，会暂时离开大海，来到陆地，比如海豹、海狮、海龟。

你知道吗？

除了伪装，头足类动物还有另一种躲避捕食者的方法。受到攻击时，它们会从墨囊喷出一股墨汁，在捕食者有机会捕捉或追赶它们之前溜之大吉。

聪明的动物

鱿鱼、章鱼和乌贼都是软体动物，被称为**头足类**。它们比大多数软体动物聪明得多，视力好，脑袋大，可以通过改变皮肤的花纹以适应周围环境，达到伪装自己的目的。

章鱼

章鱼有 8 条腕足，但是鱿鱼和乌贼除了 8 条腕足外，还有两条触腕。

腕足

乌贼

触腕

鱿鱼

水母

水母不是鱼，在许多海岸都很常见。在海滩和水里要多加留意，很多水母有刺，被它们蜇到会很痛苦。

海豹

海豹会在**蜕皮**和分娩时离开水面。有时它们会睡在干燥的土地上，或是成群结队地聚集在僻静的海滩上。

鼠海豚

这种动物与海豚有亲缘关系，但它们的鼻子更短、更圆。

海狮

海狮体形较大，在陆地上行走的能力比它们的亲戚海豹要好。它们扭动着身体，用后鳍来走路。

海豚

海豚有 30 多种，主要以鱼类和鱿鱼为食。它们是哺乳动物，所以必须定期浮出水面呼吸。

海龟

根据大部分资料显示，在全世界范围内，海龟只有 7 种，都长着保护壳。它们的鳍状肢既可以用来游泳，也可以用来将水母扫进嘴中。

野草和野花

植物在海边很难生长。它们必须足够坚韧，才能在强风和咸咸的海浪中生存。沿海土壤可能很贫瘠，因为土壤中盐分和沙子含量高，养分含量低。

海石竹

这种植物在盐沼和悬崖上很常见，可以适应干燥、多沙、含盐的土壤。

海蓬子

世界各地都分布着不同种类的海蓬子。它们会开各种颜色的花朵，大多数都有肉质的、可食用的叶子。

悬崖植物

在悬崖陡峭的一侧大部分土壤都脱落了，几乎没有留下供植物的根生长的地方。大多数悬崖植物的根很长，可以紧紧抓住悬崖表面。植株短而浓密，所以它们不会被风吹走。

补血草

这种植物能很好地适应盐渍土，所以在海岸上很常见。

日中花

这种生长缓慢的植物能在强风中生存。它们可以像地毯一样覆盖大片区域。

24

沙丘

沙子在海滩上被风吹动，碰到岩石、浮木或植物等障碍物后开始沉积，逐渐形成斜坡，称作沙丘。如果一些植物，比如草类，能够扎下坚实的根，它们就有助于固定沙丘。

海岸刺芹

这些令人惊叹的蓝色花朵被穗状花序包围，比许多海岸植物都高。

滨草

这种植物的根有助于固定沙丘。它们的叶子很锋利，行走于其中时，腿有可能会被割破。

海滨芥

这种植物的花会吸引蜜蜂和蝴蝶。它们长长的根可以把自己牢牢地扎在沙子里。

野甘蓝

野甘蓝与西兰花、花椰菜、食用卷心菜有亲缘关系，这种多叶的海岸植物有肉质的叶子，有助于储存水分。

滨海食物链

你在海边发现的植物、动物和藻类都是相互作用的。它们相互间形成食物链，食物链连接在一起形成食物网。食物链显示着物种之间直接的捕食关系，例如，一条鱼被海豚吃了。

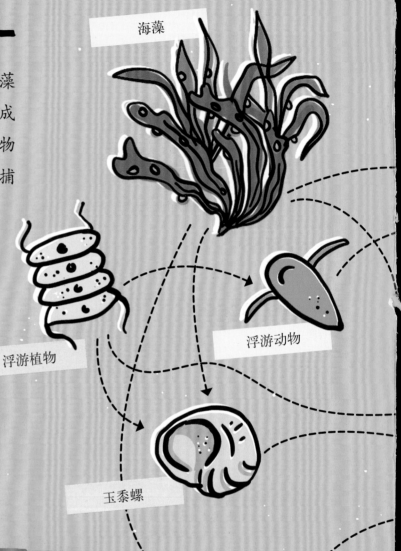

海藻

浮游植物

浮游动物

玉黍螺

帽贝

食物链中的第一营养级

食物链中的第一级生物会利用阳光自己制造食物。在海边，这可能是一种藻类或**浮游植物**。这些**生产者**会被**初级消费者**吃掉，比如帽贝或**浮游动物**。这些初级消费者又会被**次级消费者**吃掉，比如螃蟹和海鸟。一条食物链可以容纳许多消费者。

在顶端

没有天敌的生物被称为**顶级捕食者**。因为没有天敌，它们处于食物链的顶端。在海洋中，顶级捕食者包括鲨鱼、海狮、虎鲸等。

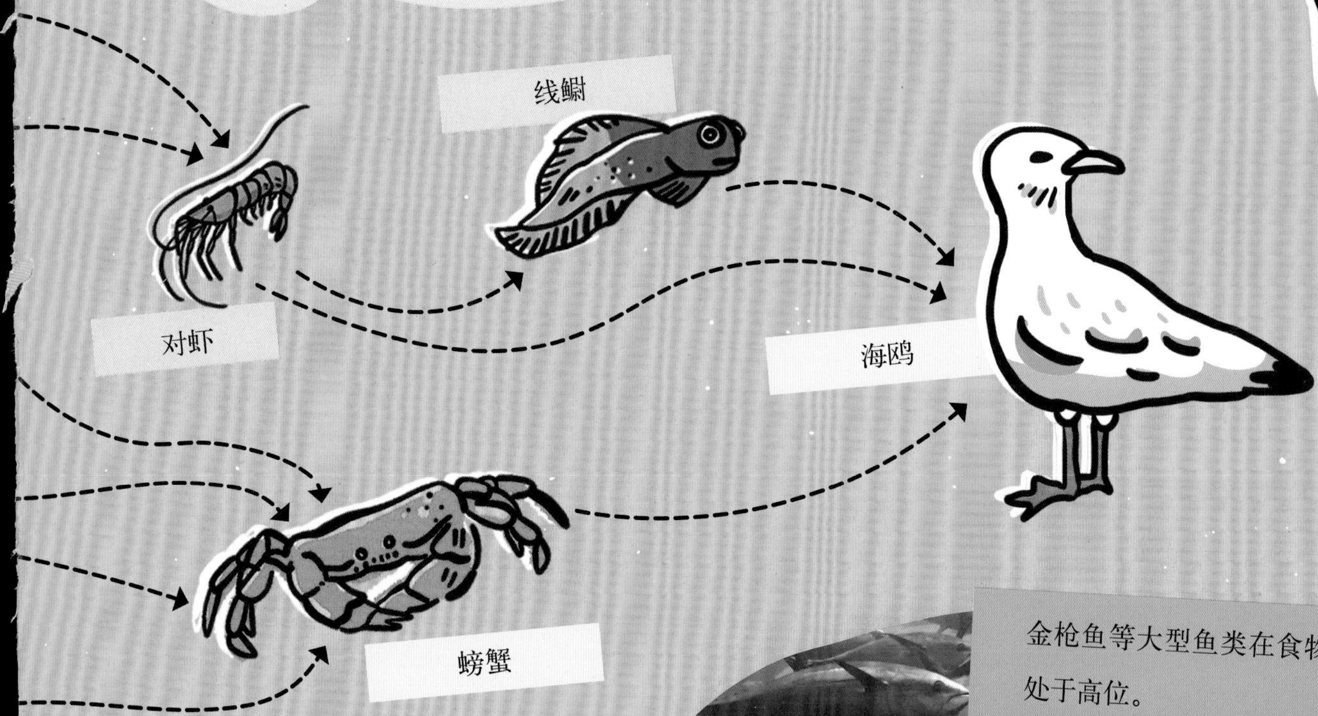

线鳚

对虾

海鸥

螃蟹

金枪鱼等大型鱼类在食物链中处于高位。

值得深思

人类行为会对环境产生巨大影响，因为我们处于许多食物链的顶端，包括海洋食物链。我们吃了太多的海鲜，却没有为生活在海里的生物留下足够的食物。这会导致世界各地海洋的食物网失去平衡。

保护我们的海岸

海岸是一个不断变化的景观。悬崖被海水和天气侵蚀，沙丘随风起伏。然而，人类也在发挥巨大的作用，而且并不总是好的作用。

海平面上升

燃烧化石燃料等人类活动造成了气候变化，引发了海平面非自然的上升，导致海岸附近地区的侵蚀、大风暴潮、洪水等自然灾害的增加。野生动物栖息地消失，数千人的家园被毁。

塑料污染

每年，数以百万吨计的塑料最终流入海洋或留在海岸上。这些塑料污染了水资源，并且给海洋生物带来了危险。科学家们发现了数千种因被塑料缠住或食用塑料而死亡的生物。

海岸土壤侵蚀

危险区

各种令人讨厌的东西最终都有可能出现在海滩和海洋中：污水、农场和工厂的化学品，甚至还有受损油轮漏出的石油。它们会伤害野生动物，使海滩成为有毒、不安全的地方。

泄漏的石油粘在鸟的羽毛上，使它不能飞翔。

珊瑚白化

珊瑚礁是大自然最美丽、最珍贵的创造物之一。它们形成了抵御风暴和洪水的天然屏障，是各种生物的家园。然而，当珊瑚受到温度或光照变化的压力时，会变成白色，抗病能力降低。

你能做什么？

你可以为海岸和海洋的净化与安全贡献一份力量。

• 游玩结束后，一定记得从海滩离开时将垃圾带走。

• 回收塑料袋和其他垃圾，这样它们就不会落入大海，并从根源上减少购买量。

• 参加有组织的垃圾收集活动，清理当地海滩。

• 只吃**可持续**捕捞的鱼，因为过度捕捞将会对海洋食物链构成威胁。

2005 年，由于气温上升，加勒比海失去了一半的珊瑚。

小测验

1. 砾石滩上没有沙子。它是由什么组成的?

a) 淤泥

b) 鹅卵石

c) 海藻

2. 大部分软体和容易受到伤害的生物生活在哪里?

a) 飞溅区

b) 高潮区

c) 低潮区

3. 海葵看起来像植物,但实际上是什么?

a) 动物

b) 海藻

c) 鱼

4. 哪种鱼的鳍经过改良,可以帮助它粘在岩石上?

a) 海马

b) 线鳚

c) 吸盘圆鳍鱼

5. 什么能帮助海鸟在长时间不拍打翅膀的情况下滑行?

a) 太阳能

b) 气流

c) 海浪

6. 哪一种聪明的软体动物可以用伪装来躲避捕食者?

a) 头足类

b) 节肢动物

c) 十足目

7. 海狮几乎没有天敌,在食物链里属于?

a) 顶级捕食者

b) 生产者

c) 初级消费者

8. 海平面上升对海岸地区有什么影响?

a) 根除

b) 侵蚀

c) 喷发

答案: 1b, 2c, 3a, 4c, 5b, 6a, 7a, 8b

30